U0317463

1:1实景样板 REAL SCENE

实景样板间 MODEL HOUSE

新

怀旧

主义

系列

《1:1实景样板间系列》编委会 编

机械工业出版社
CHINA MACHINE PRESS

相对于一般样板间的书，本书有两大特点，一是涵盖了当前设计师和业主最为感兴趣的装修风格；二是每个案例均邀请设计师现身说法，分享对室内家居设计的理解和心得。因此本书无论对于专业的室内设计师，还是将要装修的业主，都有较强的参考价值。

图书在版编目（CIP）数据

1:1实景样板间系列．新怀旧主义 ／ 《1:1实景样板间系列》编委会编．— 北京 ：机械工业出版社，2012.11
ISBN 978-7-111-39671-0

Ⅰ．①1… Ⅱ．①1… Ⅲ．①住宅-室内装饰设计-图集 Ⅳ．①TU241-64

中国版本图书馆CIP数据核字（2012）第210424号

机械工业出版社（北京市百万庄大街22号 邮政编码100037）
责任编辑：张大勇
封面设计：骁毅文化
责任印制：乔 宇
北京汇林印务有限公司印刷
2012年11月第1版第1次印刷
210mm×225mm · 7印张 · 175千字
标准书号：ISBN 978-7-111-39671-0
定价：38.00元

凡购本书，如有缺页、倒页、脱页，由本社发行部调换
电话服务　　　　　　　　　　　　网络服务
社服务中心：（010）88361066　　教 材 网：http://www.cmpedu.com
销 售 一 部：（010）68326294　　机工官网：http://www.cmpbook.com
销 售 二 部：（010）88379649　　机工官博：http://weibo.com/cmp1952
读者购书热线：（010）88379203　　**封面无防伪标均为盗版**

前言
FOREWORD

样板间是一个具有销售功能的理想空间，把设计师的设想、潜在业主的心理以及需求、市场定位、户型特点等通过精心整合，以专业的角度向业主展现未来的家居生活方式。这就决定了成功的样板间既要考虑居住的实用性，又要考虑设计的艺术性。本套丛书正是以此为出发点，精心收录了当代成功的样板间案例，每册案例均涵盖详细的户型档案、设计师评语、案例设计要点、设计百宝箱、材质应用和多角度的案例图片。本套丛书不仅提供了一个个完美的案例，更为主要的是，还提供了对家的理解。

本套丛书由理想·宅 Ideal Home 倾力打造，相对于一般样板间的书，有两大特点，一是涵盖了当前设计师和业主最为感兴趣的装修风格；二是每个案例均邀请设计师现身说法，分享对室内家居设计的理解和心得。因此本书无论对于专业的室内设计师，还是将要装修的业主，都有较强的参考价值。

参与本书编写的有：邓毅丰、王勇、桑文锦、李军歌、赵延辉、刘栋梁、田小霞、贾春琴、程波、黄肖、王国诚、廖文江、张宁、曹海峰、于庆涛、梁越、张志利、潘伟强、李小丽、李子奇、张志贵、孙银青、李四磊、刘杰、蔡志宏、马禾午、安平、肖冠军。

目录
CONTENTS

单身新贵

户型档案：

建筑面积： 52m²

户型： 二室二厅

主要建材： 壁纸、实木地板、木饰面板等

设计师： 赵丹（北京风尚印象装饰有限责任公司）

设计师 评语

　　本案设计定位为年轻的单身新贵，风格定位为轻古典。轻古典的家装风格摒弃了简约的呆板和单调，也没有古典风格的烦琐和严肃，让人感觉庄重和恬静，适度的装饰也使家居空间不乏活泼的气息，使人在空间中能得到精神上和身体上的放松。并且紧跟着时尚的步伐，满足了现代人的"混搭"乐趣。

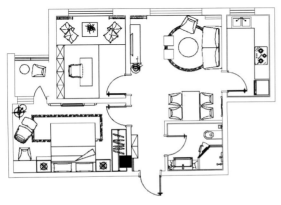

※ 平面布置图

设计百宝箱

配饰打造轻古典色彩

　　客厅的陈设配饰以传统风格和现代实用为依托，让整个空间貌似古典却处处显露着明快的现代风格，并延伸出新的形式，采用新的方式、新的搭配手法。如：大花壁纸、铁艺吊灯等，以及更多的现代元素，让空间表达出典型的轻古典色彩。

设计要点

1

去繁就简

　　对于传统的居家环境来说，华丽繁复似乎象征着主人的身份显赫尊贵，但对于现代都市人来说，这却给生活带来了极大的不便。老式家具不是不可以用在现代空间，但为迎合当代的简约生活方式，这些"古董"必须经过一番去繁就简的改造。其实，怀旧只是一种态度，只要能有取舍地提取一些经典的设计元素，并与现代家居有序结合，便能营造出所需要的怀旧氛围。

◀空间内的所有家具与软装配饰格调相同，搭配得当，触感温润的布艺长帘，柔化了居室的硬朗质感，在整体营造空间氛围的同时，更有一种温馨之感。

设计要点 2

避免"一冷到底"

　　偏爱冷色家居的人，需要注意的是千万不要一冷到底。如果背景墙已经是冷色了，那么不妨把家具、配饰的局部拿来给暖色。这样的冷暖对比，不但能为家居增添一丝暖意，更是为了突出冷色的效果。

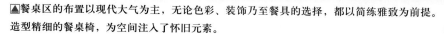

▲餐桌区的布置以现代大气为主，无论色彩、装饰乃至餐具的选择，都以简练雅致为前提。造型精细的餐桌椅，为空间注入了怀旧元素。

▶整体灰色调的设计绽放着理性光彩，富有张力的装饰画让空间透露艺术气息。红色烛台的搭配，瞬间就能让空间变得活跃起来。

设计百宝箱

强烈的色彩

　　想要营造出鲜明的时尚感，不妨选用对比强烈的色系。如本案选用黑白色调的家具，对比强烈，红色、香槟金色的点缀更加突出了空间气质，使空间体现出张扬、奢华的氛围。

"融合"

建筑面积：120m²

户型：二室二厅

主要建材：爵士白大理石、灰色大理石、水晶吊灯等

设计师：主设计师张健（高级室内设计师，星域空间设计事务所设计总监），参与设计师郭佳、李禹

设计师详语

本案设计的主题定义为"融合"，此设计并没有完全风格化；在简约的空间基础上除了运用了新古典的元素外，还融合了新欧式、新奢华；功能上的明确划分和风格上的模糊边界阐释了设计师对整体空间的理解，打造出矛盾与统一的"融合"设计。

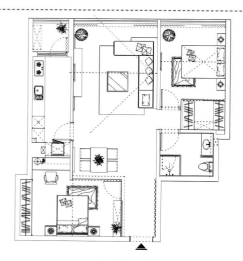

※ 平面布置图

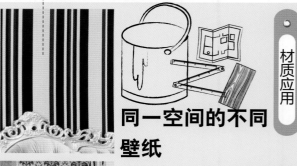

材质应用

同一空间的不同壁纸

墙面运用壁纸可增添空间氛围，如在同一空间中应用不同壁纸，能达到变幻空间的效果。同时壁纸的质地，更增添空间品质。地面铺设爵士白大理石，体现出了主人的品位。

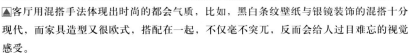

▲客厅用混搭手法体现出时尚的都会气质，比如，黑白条纹壁纸与银镜装饰的混搭十分现代，而家具造型又很欧式，搭配在一起，不仅毫不突兀，反而会给人过目难忘的视觉感受。

灰色的理性与专业感

设计要点 1

灰色是白色和黑色的混色，散发着一种理性和专业感，因此现在越来越多人喜欢把它作为居室的主色调。在使用灰色时一定要注意灰色的明暗度，若大面积使用的话，灰的颜色最好不用太重、太暗。另外，深浅不一、错落有致才不至于使空间沉闷。

设计百宝箱

灯光点缀空间

吊顶造型简约，以银质画框装饰。照明选用了大量的水晶吊灯及落地灯、台灯，烘托出整体氛围，并以辅助光源点缀空间。灯光设计应注重冷暖光源搭配，以适合不同时段对照明的要求。

◀餐厅的硬装气质硬朗，所以在家具的造型、壁纸的图案中应大量地运用柔美优雅的曲线破解，平衡整体横平竖直的硬板。在不动声色中达到视觉平衡、以柔克刚的效果。

设计要点

巧妙打造奢华餐厅

　　喜欢奢华家居的人，就一定要多花点心思在餐厅上。在美轮美奂的环境下进餐，不仅能增进食欲，提升情调，更是一种不可多得的生活享受。颜色的搭配必须与空间的风格相呼应；大部分奢华餐厅的色调都较为厚重，而餐厅环境一般却要求明朗轻快，在这样的情况下，灯光的效果就尤为重要了。切不可吝啬光线，要保证灯光能烘托出华贵的整体效果。

设计百宝箱

线条的巧妙运用

　　本案中设计师运用了一些线条元素，增强建筑感，强化新古典风格的直线感和夸张尺度，使整个空间呈现硬朗的轮廓。但在软装配饰上则大量运用曲线，中和硬朗感，从刚硬氛围中隐约渗透柔美知性的温婉气质。

设计要点 **3**

饰品的协调与对比

　　家居饰品是为家居作点缀，让家居更显华贵和品位，而如何使家居风格在饰品的衬托作用下表现得淋漓尽致，便是设计者能否驾驭整个空间的体现。在选择饰品时，首要的是同一色系的搭配，色系要相近或者相似，才能和家居在整体搭配上和谐统一，才会产生整体的美。但也有一种特殊的搭配，就是选择颜色反差大的饰品，这就需要设计师有极强的审美和搭配能力了。这种方法运用得好，可能产生极强的视觉震撼力，非常吸引人，反之，则可能零乱不堪，整体感完全丧失。

醇美沉淀

户型档案：

建筑面积：148m^2

户型：三室二厅

主要建材：壁纸、瓷砖、地毯、涂料等

设计师：祝涛（大连高级室内设计师）

设计师 评语

　　本项目是以浅色的简约欧式为主要风格的住宅空间，它低调而不奢华，没有鲜艳而对比强烈的色彩，但却有着沉稳大气的感觉，并同时具有现代和欧式两种风格的优点。

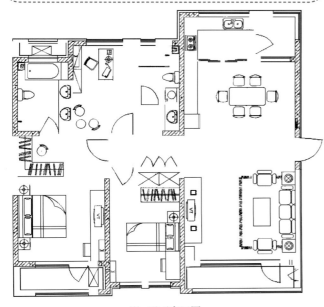

※　平面布置图

设计百宝箱

米色与金色的搭配

　　在色彩上大面积运用了米色与金色的搭配，只在局部点缀一些深色，意在营造出一种典雅庄重的氛围。在家具的选择上因为考虑到整体风格，选用了大公馆风格的家具，使整体空间显得更加大气。

◀餐厅中灯饰选择了具有西方风情的造型，在整体明快、简约、单纯的空间里，传承着西方文化底蕴的吊灯静静泛着影影绰绰的灯光，朦胧、浪漫之感油然而生。

设计要点 **1**

颜色营造低调的宁静感

　　灰色、白色、米黄色等素雅、沉稳的颜色是新古典主义设计的常用颜色，这些颜色对人们的视觉干扰力都很弱，简单印花、细腻质感的色彩会带来另一种低调的宁静感，沉稳而内敛。

◀卧室在材料的选择上同样需要考虑风格等因素，本方案运用了一些金属质感的材料，可把空间的大气表现得淋漓尽致。

设计要点

2 新古典抛弃烦琐与奢华

　　新古典风格非常重视生活的自然舒适性，充分显示出温馨与舒适。它抛弃了烦琐与奢华，兼具古典主义的优美造型与现代主义的完备功能，既简洁明快，又便于打理，因此更适合现代人的日常使用。

又续简约

户型档案:

建筑面积: 320m²

户型: 别墅

主要建材: 涂料、软包、手绘墙、地毯、实木地板、木格栅等

设计师: 主设计师梁苏杭(注册高级室内建筑师,杭州CIID设计师俱乐部理事),参与设计师邓德钟、陈来东

设计师 评语

本案的定位为新古典—港派简约,中国香港台湾等地的设计师,因其地域性质决定了其中西文化完美交融的设计风格。这种风格具备了中式传统居中、对称、均衡等格局特点,又有古典饰品所散发的优雅味道,而且在各处均体现出精致简约的细节。

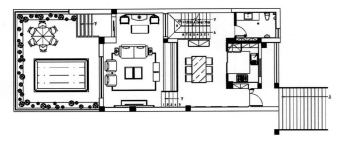

※ 一层平面布置图

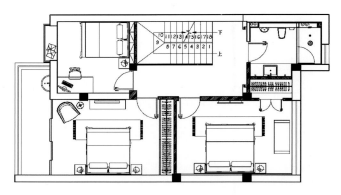

※ 二层平面布置图

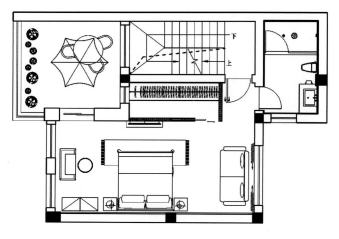

※ 三层平面布置图

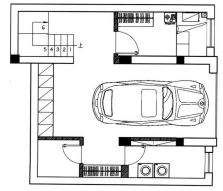

※ 地下室平面布置图

设计百宝箱

在对称均衡中寻求变化

客厅在布局上用现代手法演绎古典韵味，在对称均衡中寻求变化，增强空间层次感；在色彩上通过家具、饰品等的对比来表现细节，使空间不显沉闷和单调；运用现代材质，如玻璃、地毯、地砖等的对比，既增强了现代感又不失整体古典韵味。

设计要点 **1**

中西混搭

如果家中是以西式风格为主，那么将带有中式风格的元素点缀其中，一定会为整个家居增色不少。仿旧的工笔画、花鸟图案的壁纸、镂空的木质屏风等，这些最能体现中国传统家居文化的元素与欧式风格的家具搭配在一起，虽然风格迥异，但只要能将它们巧妙地融合，便能体现出一定的文化韵味和独特的风格。

▲客厅墙上的印象派油画勾勒出水墨效果，地毯、沙发选择了灰色的搭配，沉稳含蓄。

设计百宝箱

古典的缩影

温馨的色彩和华美的织物，以及精致的褐色灯饰和光洁的石材相互结合，让整个生活的氛围充满温馨、惬意，更凸显出空间气质。而风格中简化的线条，自然细腻的材质、色彩及造型也是对古典的缩影，是人们挖掘现代生活内涵的体现。

▲镂空黑木的床架，硬朗又具有怀旧风格。不失精细的雕工，是工匠们精湛的工艺。放在温馨沉稳的房间，携来几分来自远古的幽幽惬意。

◀卧室采用反射式灯光照明或局部灯光照明，置身其中，舒适、温馨的感觉袭人，让那为尘嚣所困的心灵找到了归宿。不规则形状的地毯更是体现了大气与个性。

2 西式怀旧居室地毯的选择

设计要点

　　西式怀旧居室里，大多都少不了地毯的身影，地毯的舒适、雅致与西式怀旧家具搭配得相得益彰。在地毯花色的选择上，不妨选择一些较为淡雅的，如果过于花哨会与西式怀旧居室古典而宁静的氛围相冲突。

欢享温馨生活

户型档案：

建筑面积：90m^2

户型：三室一厅

主要建材：壁纸、茶镜、装饰画、吊灯、花器等

设计师：秦海峰、赵丹（北京风尚印象装饰有限责任公司）

设计师 评语

　　大气、通透、舒适、自然是设计师要带给业主的最直接感受，所以在设计上尽量将整个房间平面布置得通透与开放，让干净利落的宽敞空间满足所有功能需求，同时在简洁的视觉空间中不经意地加入欧式装饰等元素来刻画细部，沉稳高贵和富丽堂皇的摆件，体现了精致与生活的密切关系，让业主随时都能品味到欧洲的生活风尚。

※ 平面布置图

设计百宝箱

ART DECO风格整体

　　洒脱、宽敞的客厅，让自在的心情无障碍穿行。柔和的空间设计，让回家充满安全感。酒红色和米色的搭配，让整体空间精致而高雅，ART DECO风格的整体配饰，让时尚轻松到达居室。

设计要点

1 "明度低、彩度高"的选色原则

　　颜色是打造华丽欧美风的高手，它们演绎着或优雅、或瑰丽、或奢华的家居空间，给人不同凡响的视觉和空间感受。一般来讲，这样的颜色适用于大空间，同时把握"明度低、彩度高"的选色原则，否则容易造成视觉压力。

▲卧室家具的选择配合了木质地板和蓝色暗花的背景墙，床品靠垫和主色调墙面相呼应，欧式古典风格就一目了然。装修不在于奢华，只有注重细节，一样可以享受欧式古典温馨的感觉。

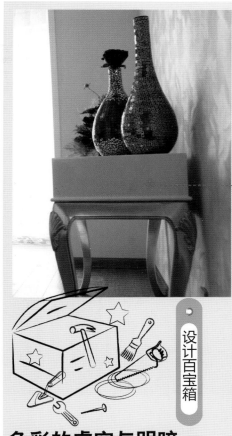

设计百宝箱

色彩的虚实与明暗

　　色彩本身就是空间设计的一部分，讲究的依然是虚实结合、明暗有致。卧室墙面的米黄色面积最大，这个温暖和谐的色彩最适合作为主色调。同时，粉色的贵妃椅、黑色的灯饰、金色的花瓶饰品以更鲜明的色彩和质感点出了空间的华丽风格。

设计要点 2 大小卧室的墙面材料选择

　　面积较大的卧室，选择墙面装饰材料的范围比较广，任何色彩、图案、色调的涂料、墙纸、壁布均可使用；而面积较小的卧室，选择的范围相对小一些，小花、偏冷色调、浅淡的图案较为适宜。

▲书房空间硬装改动较少，吊顶、墙体线条明朗，为软装饰提供了充分的发挥余地。装饰画、灯饰、玻璃饰品、纱帘、珠帘、带着欧式曲线的书桌椅等，让这空间非常华丽。

▼在欧式风格的家居空间里，最好能在墙上挂金属框抽象画或摄影作品，以营造浓郁的艺术氛围，表现业主的文化涵养。

设计要点 **3**

不可或缺的"花草"

欧式家居中，花草是不可或缺的点缀。花草以布艺、雕刻、绿植、手绘等各种形态绽放着，增添了生机勃勃的春天气息。娇艳的插花摆在餐桌上，伴着佳肴生辉。陶瓷、玻璃甚至铁制品的插花容器上，颇具风格的图案和细节体现出家居的不凡气质。

留经岁月

户型档案：

建筑面积：210m²

户型：四室二厅

主要建材：壁纸、茶镜、装饰画、水晶吊灯、大理石、花器等

设计师：秦海峰、赵丹、徐建彬（北京风尚印象装饰有限责任公司）

设计师 评语

　　本案除了含蓄和内敛以外，也加入了更多的时尚和奢华气息，既有欧式古典的稳重与优雅，也蕴涵着21世纪国际都市时尚和成功人士的奢华。整体以暖色为基调，配合灯光的点缀，温馨中又不失尊贵和典雅。在家具和饰品的设计上，更大胆地进行整合混搭，以均衡的写意方式来挖掘和展现空间韵律。

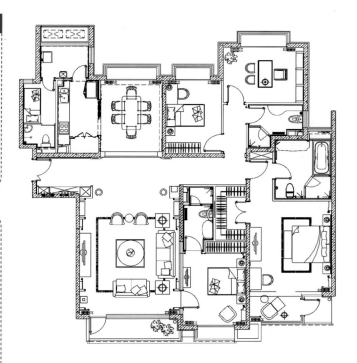

※　平面布置图

设计百宝箱

金色的调度要恰到好处

　　设计师在金色的调度上拿捏得恰到好处：没有金色的光芒耀眼，但金色无处不在，在家具、布艺、配饰上，在空间的每一个角落低调地绽放着奢华。贯穿客厅的金色，展现居室的气派与复古韵味的同时，还增加了现代感。

设计要点

1　美式家具的特点

　　美式怀旧家具的最大特点就是文化和历史的包容性，能在一件最普通的家具身上看到法式、英式、意大利式以及中式的混合踪影。或许正是如此，很多人在选择家居风格时，想到的第一种风格自然就是美式复古。而表现在外在形态上，美式复古家具的典型特点就是结实、弯曲的家具腿、球状及爪状的支脚、繁复的雕刻、镂空工艺，大而精致，特别强调舒适、气派、实用和多功能性，造型典雅但不过度装饰是其典型特点。

▲家具与硬装修上的欧式细节应该是相称的，选择了黄色、带有西方复古图案以及非常西化的造型，餐椅有着精细的手雕图案，大的氛围和基调就这样定了下来。

◀在黄色墙面的衬托下，红色花卉图案的装饰画格外醒目，就连复古造型的边桌也成了空间装饰的一部分。

2 灯光营造风格

欧式怀旧风格的效果很大一部分是要靠灯饰来营造的。这种风格的家居布光，最好还是要区分照明光、特殊光（重点照亮某个空间或者某个物体的光）和情调气氛光。照明光线不适宜过亮，应该达到柔和的标准最佳。蜡烛台式吊灯、盾牌式壁灯、戴帽式台灯等古典风格的灯，是欧式怀旧风格家居的典型灯具款式。在材料上，应选择比较考究的锡、铜、铁艺、水晶等材质的灯具。

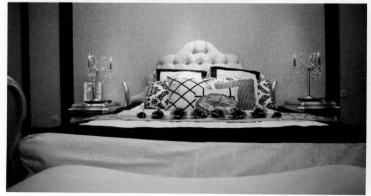

▼家具流溢着法式宫廷风韵，地毯、灯饰等在这里都精彩地绽放自身的独特魅力，使居室更具大家风范。

设计要点

3 色彩体现高雅

　　在欧式装修中，色彩的选择和搭配很重要，要能体现出高贵与典雅。欧式装修，墙面的色彩一般采用米白色或者米黄色为标准色，底面或局部加以金色或银色搭配，既不会因为大面积的浅色带来晃眼的感觉，而且可增添一份温馨与浪漫。再配合其他的色彩加以点缀，也不会显得杂乱无章。

▲落地窗旁的家具、灯饰，仿若艺术品，与窗外的景色共成一景。

△ 书桌和书柜等家具都是简单的深褐色，在花纹图案壁纸的背景中，需要有一些简单的色彩调和，饰品和灯饰的浅色恰到好处地中和了深色家具带来的沉重。

4 多元化的地砖

复古是近年时尚界点击率最高的关键词，装修方面，复古地砖更显品位、易于搭配，极大地满足了不同消费者的喜好。除了黯淡的色泽表面，还有各种拼花图案，一些地砖表面开始出现不规则的缺口花纹，具有一种古典沧桑的美感。

▲卫浴中镜子的金色线框，适当地让繁复的线条带出古典奢华的氛围，在细节中再一次呼应整体家居华丽复古的主题。

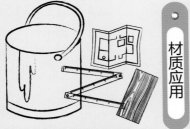

材质应用

材质与灯光营造视觉效果

　　浅色的地砖拼花，再配以精心挑选的家具，顿时让略显单调的过道空间平添生机；精心的灯光设计，营造出丰富变化的空间感。同时大气的棕黄色与明快的亮白色形成鲜明的对比，给人非凡的视觉感受。

中西荟萃

户型档案：

建筑面积：320m²

户型：别墅

主要建材：木饰面板、壁纸、珠帘、木格栅、印花玻璃等

设计师：黄治奇[黄治奇(香港)娱乐策划设计有限公司，董事长、设计总监；深圳市0755装饰设计]

设计师评语

中庸曾经是中国人最信仰的生活哲理，其实现在也是如此，不过现在使用更多的一个词是适度。适度是为了达到一种平衡，在居室环境的设计中，达到一种现代与古典的平衡也是一种艺术。本案虽然同为中式风格，但与以往的中式设计不同，设计师用灯饰、玻璃搭配原木色调的空间，打造出一个宁静、淡泊而有内涵的禅意空间，使居室更具朴实无华的自然美。

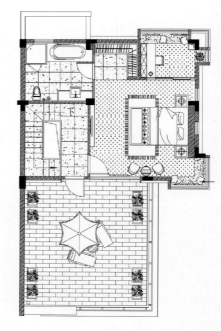

※ 三层平面布置图

※ 一层平面布置图　　　※ 二层平面布置图

▲传统的中式家具颜色往往比较深沉，在使用上往往显得太过于沉稳而没有时尚气息，只需善于运用色彩和软装饰，合理搭配就能让古典与时尚更完美地结合。

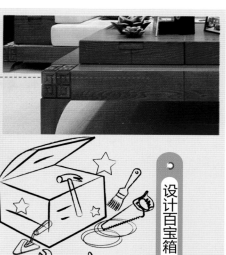

中式符号

设计要点 1

中式古典风的家居设计中，常常在室内布局、线形、色调及家具、陈设的造型等方面，吸收传统艺术美学的特征，非常注重环境与建筑的协调。除了采用圈椅等经典古典家具外，在细节装饰上也非常讲究，常利用窗棂、屏风、宫灯等传统元素做局部装饰，形成一种符号化的文化景观，用小物件营造出中式古典氛围。

中式直线条

在这间住宅中，空间装饰多采用简洁、硬朗的直线条来搭配中式风格使用，这样的搭配就起到了平衡的作用，使气氛得到缓和。这种装饰在空间上的运用，不仅反映出现代人对追求简单生活的居住要求，更表达了中式家居追求内敛质朴的设计风格，使之更加实用，更富有现代感。

▼沙发后的隔断是一种局域划分，这样可以让整个空间看上去很大气，木制的家具配上同色系的吊顶，相互呼应更能体现出空间的气质。

设计百宝箱

采光不理想的卧室

卧室采光不是很好，在这个不强调光线的屋子，更需要强调温馨感和精巧的设计。在细节的装饰下，那些别致的家具、璀璨的灯饰以及精致的印花玻璃，都散发出柔美温婉的气质。

② 巧妙应用黄色

设计要点

黄色作为古代帝王的专用色彩，给人以雍容华贵的印象，它还可使人们感到光明和喜悦，能够起到很好的增色作用。不过，一般来讲，黄色不宜大面积使用，尤其是大面积饱和的黄色会引起人的不稳定感，因此最好有其他色彩作为缓冲。

美丽无痕

户型档案：

建筑面积： 130m^2

户型： 三室二厅

主要建材： 壁纸、木格栅、地毯、釉面砖、人造石材等

设计师： 宋建文（上海设计年代设计总监）

设计师 评语

怀旧的本质在于质朴，在于回归自然。当家居设计中把材料的纹理透显出来，源自大自然的亲切感就跃然眼前了。实木、石、藤及我们小时候经常看到的软木，这些材料都比较容易营造出质朴的效果。本案设计中，设计师除了用天然材料，还利用壁纸的色彩、花纹和材质，模仿出树叶的纹理、树藤的曲线等，为家居环境营造出清新质朴、回归自然的感觉。

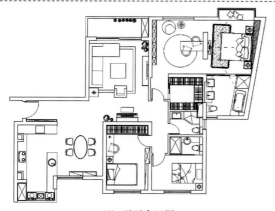

※ 平面布置图

▼木材以不同的姿态出现在这个客厅里，让空间处处飘逸着木香，同时材料的高度统一，巧妙地营造出一种和谐雅致的美感。

1 怀旧风格与怀旧家具

怀旧风格装修一定要配以古朴的家具，给人的整体感觉应该是十分庄重的，它的特点是结构简练、线条流畅、艺术性强、优雅。此外，还要注意材质，怀旧风格的家具一定要材质好才显得有气魄。在这种风格中，地面的主要角色应该由地毯来担当，地毯的舒适脚感和典雅的独特质地与欧式家具的搭配相得益彰。

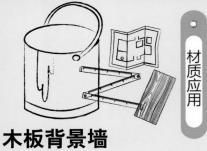

材质应用

木板背景墙

卧室的背景墙用木板构筑，中间镶嵌了一幅绿色树叶图案的壁纸，弥补了木材色彩的单调。同时也在颜色的对比中凸显空间的张力。搭配白色布艺沙发，在灯光的投射下显得高雅唯美。

▲线条简洁的实木餐桌椅，让餐厅显得稳重大气，同时原木色的搭配更具浓重感。用精致的花饰和灯饰装点，颇具美式乡村风格的情怀。

设计要点

2 餐厅用品点亮空间

颜色厚重的怀旧家居与餐厅色彩明亮轻快的要求好像相矛盾，想要解决这一矛盾很简单，只要在浓郁的颜色中点缀明亮的颜色，例如选用亮色的桌布和餐具，就能带出不同层次的明亮度。

▲白色的帷幔让整个空间弥散着浪漫、柔和的气息，通过帷幔让床与卧室的其他空间既有联系又有分割，而且给卧室添增了一道风景，意在营造舒适、宁静的休息空间。

设计要点

3

淡雅的卧室设计

简单素雅的卧室整体色调应该很淡雅，可以与各种织物相搭配，室内装饰也不宜过多，可以加入一些自然生动的元素，如植物花草，视觉上呈现出温馨柔和的特点。窗台设计成一个小小的休闲区域，有空看看窗外的景色或看看书，让自己放松一下。

▲精心设计的实木橱柜令厨房变得越发平易近人。素雅的色彩也在无形中放大了整体空间，耗费大量时间制作的石材墙面完美地将乡村风格的餐厅打造出来。

▶深褐色最能体现一种低调的奢华感。但如果整个卫浴都用褐色，会显得过于沉重，设计时选用了白色的洁具，增添一些明亮气氛。

怀旧卫浴材料的选择

若想打造怀旧尊贵风格的卫浴，整体感觉应沉稳含蓄，色调需要深沉些。同时不妨多留意一些配饰，看似老得不能再老的收藏品出现在现代生活中，很随意，却能成为人们对于过去时光的追忆。卫浴的潮气比较重，所以在材料的选择上一定要考究。仿古砖、瓷砖拼花、人造石材等都是不错的选择，既能带来怀旧的效果，又便于清洁。

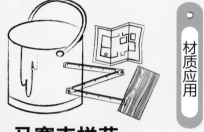

材质应用

马赛克拼花

马赛克拼成的花卉图案装点过道的地面，令整个空间既不失稳重，又活泼。地面的暗花壁纸和木饰面板使得空间在自然休闲的格调中同样不失品质感。

设计要点 **5**

草藤织品的运用

草藤织品是体现崇尚自然、古朴，甚至带有原始野味的家装风格的重要手段，因此，在家居中适当运用草器和藤器，自然是体现田园风格的最佳方法，同时也更为健康环保。在居室中摆上一两件藤编的沙发、坐椅等，居室空间中自然风味扑面而来。如果能在白粉墙上悬挂各种草、木、竹、纸等材料做成的装饰品，或者干脆挂上一壁草帘，能让人在观赏之余对其材料的自然质感留下深刻的印象。

◀充满东南亚风的餐桌椅和灯饰在空间黄色基调的映衬下，表达着空间的异域情怀，很容易就让人联想到一幅舒适而温馨的画面。

灵活规划

阳光书房

　　阳台的一角放置一张舒适的藤椅，不仅造型显得清新随意，同时这种样式也有淡淡的怀旧感觉。藤椅搭配靠垫，比较柔软，坐久了也不会觉得不适。

"非诚勿扰"

户型档案：

建筑面积： 300m²

户型： 复式

主要建材： 水曲柳、实木材、饰面板、仿古砖等

设计师： 冯易进[易百装饰（新加坡）集团有限公司]

设计师 评语

本案想要体现的不是人与人之间的"非诚勿扰"，而是在这样的环境之下，有种不被世俗所打扰，不被繁杂的社会所影响的情绪。整体空间没有张扬的奢华，而是饱含内敛的舒适。

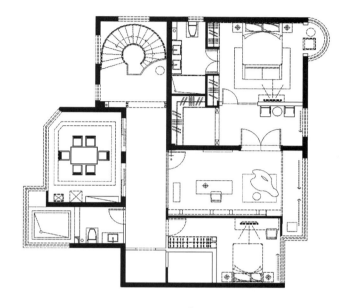

※ 二层平面布置图

※ 一层平面布置图

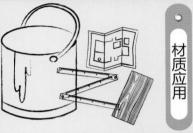

材质应用

被实木地板包围的温馨

　　反传统的手法把板材放置于顶部，彻底感受顶面和立面连接的空间感受，在休闲的木质沙发上抱着抱枕，感受被实木地板包围的温馨，当这一切被和谐地兼容于一室时，便能准确无误地感受到那种空间的清雅而休闲的气氛。

设计要点 **1**

深色调表现华贵之气

　　奢华空间不仅仅是明亮色彩的专有舞台，深色调有时候也能够表现出浓郁的华贵之气。例如深灰褐色最能体现民族风和一种低调的奢华感，但是如果整个居室都用灰褐色，则显得过于沉重，不妨加入一些原木色，增添明亮的感觉。另外，大面积的纯黑色也会带给空间极致的奢华效果。

▲木质家具的颜色较重，虽可营造出稳重效果，但也容易陷于沉闷、阴暗，因此在墙面采用了明快亮丽的浅色作为主色，洋溢着浓郁复古味道的餐厅既有大家风范，又不失时尚气息。

仿古砖的应用

设计要点 **2**

　　仿古地砖脚感一般都很舒适，踩上去或坐在地上都会有踏实、放松的感觉，突破了瓷砖脚感不如木地板的传统。另外，仿古风格瓷砖的使用不再局限于别墅，只要整体家居选择的是古典自然风格，普通家居的客厅、餐厅、过道、玄关用上仿古风格瓷砖都会很协调并极富个性。

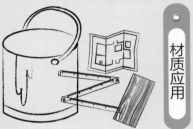

材质应用

舒适环保的地板

　　大面积的地板一直铺设到主卧室，结合光线的变化，创造出内敛谦卑的感觉。主卧室的奢华感是以不矫揉造作的材料营造出来的，这样的生活居所使人感到既创新独特又似曾相识。

3 实木家具与家居风格

设计要点

　　实木家具是怀旧情怀的重要元素，它可以调节室内的温度、湿度甚至还能吸收一定程度的噪声，有利于平和情绪。松木原色家具是目前最受追捧的。法式或英式的实木家具则以结构轻盈、灵巧的樱桃木居多。纹理质朴、造型敦实的榆木比较适合营造中式风情。值得注意的是，实木本身虽然非常环保，但是其胶黏剂的污染性比较大，因此，如果是大量应用实木材料的话，一定要选择环保性高的胶黏剂。

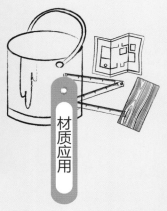

材质应用

实木书房

　　书房延续深色的实木造型，富有丰富的传统艺术技巧，又符合时下人们追求健康环保、人性化以及个性化的设计理念，让审美观念迅速升华为一种生活态度，体现人与自然的和谐。

▲玄关的地面铺设，将视觉直延居室内，简单利索的规划，造就宽阔的空间，让人视觉舒展放松。

设计要点 4

实木楼梯

　　实木楼梯无疑是怀旧家居的首选。实木楼梯具有天然独特的纹理、柔和的色泽、自然温馨、高贵典雅、脚感舒适、冬暖夏凉，并且是纯天然绿色装饰材料；随着家居环保意识的提高，森林资源限砍限伐，木材日益减少，实木楼梯有了升值和收藏的价值。

▲通过顶面的玻璃引入自然光，室内与户外的相互借景，增加空间的美感与变化，来体现生活的尊贵与享受。

设计要点 **5**

阳光房

　　和阳台的窗户不同，阳光房有着更大范围的窗，这样就能极好地吸收阳光，整个窗体采用轻薄材料，能有效地支撑又能尽可能小地减小阻挡，窗户也是能随意控制开关的，能够比较好地控制室温和空气流通。

不一样的奢华感受

户型档案：

建筑面积： 260m^2

户型： 四室二厅

主要建材： 大理石、格栅吊顶、涂料、釉面砖、马赛克等

设计师： 张禹[北京科宝博洛尼装饰设计（北京-杭州）有限公司]

※ 原始平面图

设计师 评语

　　业主希望每一个房间里都具备独立的生活机能，完美地呈现每个空间的隐私需求，因此设计师开始依需求规划完整自主空间；风格的规划则是采用线条流畅却不繁复的新古典，以家具优美曲线将空间盈满新古典主义一贯的丰富语言。

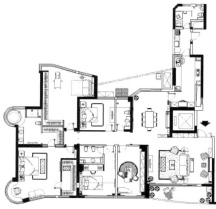

※ 平面布置图

设计百宝箱

米色与深色的搭配

因为客厅的落地窗采光效果和景观视野都很好，所以被设计师选择米色作为基础色调，搭配深色家具，既具有现代温馨感，又是西方人最常用的配色。大大小小的绿色植物让客厅空间充满生机。

设计要点 **1**

藻井式吊顶

在家庭装修中，一般采用木龙骨做骨架，用石膏板或木材做面板，涂料或壁纸做饰面装饰的藻井式吊顶。这种吊顶能够克服房间低矮和顶部装修的矛盾，便于现场施工，提高装修档次，降低工程造价，非常适合怀旧风格的居室。

▲客厅整体的欧式造型吊顶、宫廷韵味的配套吊灯、红褐色真皮沙发、金色边框的欧式装饰油画，表达出一种奢华的欧式生活意境，体现出主人对家居生活的高品位追求。

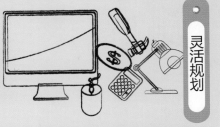

灵活规划

美式家居家具与饰品

传统美式风格特有的闲适与温情体现在了家具与饰品的选择上。卧室的色彩统一，宽大厚实的床具、质地厚重的床头桌、富有造型感的铜质吊灯全部是温润柔和的暖色，暖褐色的地面和白色的家居搭配得恰到好处。

◀简简单单的颜色搭配：木色和白色，和谐而干净。整整齐齐的书架和书桌，实用而精练。而上面的吊灯是最大的亮点，为书房铺上了一层温柔的光泽。

设计要点 **2**

木地板体现怀旧气氛

怀旧尊贵的居室多呈现豪华、动感、多变的视觉效果，这就要求有一些怀旧的装修符号出现在居室里，可利用颜色、细节烘托气氛。在地面的选择方面，色泽饱满，深色典雅的木地板都可最大限度地体现怀旧风格，如红檀，黄檀，古典橡木等。

▲在浴室这样自然而放松的环境里，许多事物都无需掩饰，让阳光没有折扣地倾泻进来，及目之处皆是温暖，那些久远的怀旧柔情记忆再度被唤起。

设计要点 **3**

卫浴仿古砖

仿古砖能营造怀旧复古的情景，所以颜色较深、旧，会显得空间较小，比较适合稍大的卫浴。仿古砖具有瓷砖好清理的特色，而且拥有精致复古的质感，同时也有价格上的优势。利用其他材质如马赛克与仿古砖混合拼贴，能为卫浴增添丰富的表情变化。

视觉盛宴

户型档案：

建筑面积： 500m^2

户型： 独立别墅

主要建材： 罗马柱、大理石、壁纸、防水石膏板、饰面板、软包、金箔贴片、水晶灯、铁艺楼梯等

设计师： 巫小伟（创立了WILLIS设计机构）

设计师评语

　　本案为一套古典欧式独栋别墅，室外小桥流水，鸟语花香；室内极尽奢华，雍容高贵。古典欧式风格的大气浪漫在此展现得淋漓尽致，每一个细节都精心雕琢，犹如置身欧洲古典宫廷，给人以不尽的视觉享受和感叹。

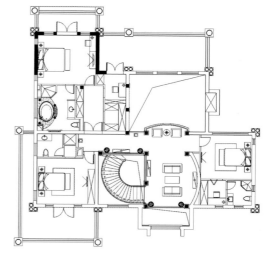

※　二层平面布置图

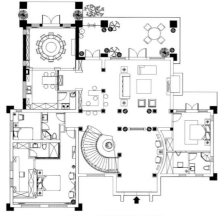

※　一层平面布置图

▲步入居室后看到的地面拼花、温暖精致的布艺家具和黄色的花纹壁纸，是构成玄关的基本要素，自然舒适华丽之感扑面而来。

灵活规划

奢华与艺术的玄关

推门而入，玄关即把整个大宅的气度展现得淋漓尽致，穹顶灯池、罗马柱、大理石地面、旋转楼梯，就连空调排风扇都经过精心的欧式雕花处理，华美典雅的座椅、水晶灯、精品饰品等，小小的玄关不遗余力地诉说着豪宅的气度，奢华与艺术水乳交融。

设计要点

1

地砖拼花

在欧式风格的装修中，各式各样的地砖拼花充满怀旧风情。如果想要打破玄关的沉寂，体现出一种活泼的跳跃感，不妨运用地砖拼花与环境色彩形成对比，让别致的拼花图案成为视觉的中心。

铁艺家饰

铁艺家饰是铁艺在居家设计中最常见的手法。在沙发、地毯、餐桌旁，摆上几件铸铁的饰品，勾勒出的线性趣味会让整个空间流动着轻快、明朗的感觉。本案中，楼梯的铁艺扶手和二层的铁艺栏杆不仅可以打破传统单调的布局形式，而且丰富了空间的层次感。

▲铁艺楼梯旋转而上，二楼私密区的设计则更为温馨，休闲区、主卧、主卫、儿童房等。无论是设计上还是后期的软装配饰，均流淌着贵族的气质。

设计百宝箱

线条表现空间张力

　　客厅挑高，视觉极为开阔，布置却甚为紧凑，大量采用横平竖直的线条来表现空间的张力，壁炉上方采用明镜装饰，延伸了视觉空间。顶部的大型水晶吊灯则有效地填补了顶部空间，欧式古典布艺沙发、色彩浓艳的窗帷、台灯、绿色植物等的布置无一不精心挑选，只为完美的空间。

设计要点

3 点睛的金色

　　一般来说，金色在客厅上不过是蜻蜓点水，除了皇宫贵族，很少有人使用金色大面积包装餐厅，所以在搭配上要注意呼应，比如金属架的水晶灯、镀金的家具等。灯光一定要偏暖色调，最好使用黄光，墙面可以是淡色的壁纸。

设计百宝箱

大气的欧式

大厅的设计如同传统的欧式古堡，仿佛在为宾客展开一幅极为大气又极其精致的视觉画卷。华贵的欧式吊灯悬挂在约6m的挑高空间中，简洁的线条静静地垂落，使空间有种与生俱来的雍容气质。

设计要点

4

华丽的水晶吊灯

华丽的水晶吊灯是追求奢华效果的不二之选。向来以层层叠叠的垂饰、精致雕琢的身段示人，这些灯饰从骨子里透出奢华和尊贵。它们造型变化多姿，色彩缤纷灿烂，闪耀在每个张扬空间，代表了家居的豪华气派。

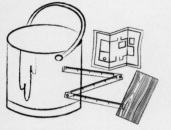

材质应用

餐厅镜面设计

能容纳8人的餐厅，私密且华丽，餐厅柜上点缀的饰品做工精致、耐人寻味，展现主人在艺术领域上的不俗品位。背面的镜面设计从视觉上扩大了空间面积，使人在华丽空间里也不至于产生压迫感。

软木地板

5

　　随着人们生活水平的不断提高，对环保产品的需求也越来越高，软木地板因其独特的艺术性及全天然的图案，既可用作大面积装饰，也可以用作艺术性点缀，特别是有老人或儿童的家庭，如果铺上软木地板，不仅可保持十足的木质感，而且极好的弹性又可减轻老人或儿童跌碰受到的伤害。

▲喜欢白净的卧室，但怕太单调，那么可以如本案般选择带着花纹的壁纸。在这里，花纹壁纸和讲究的家居相映成趣，体现出一种低调的华丽感。

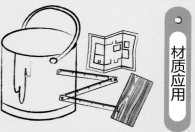

材质应用

过渡区的顶面设计

　　玄关与客厅的过渡区间简约却毫不含糊，顶部采用石膏线吊顶，加上金箔贴片、水晶灯、筒灯、隐藏灯带，精心的灯光组合营造出理想的生活空间。

▼客厅和餐厅之间在原有结构的基础上设置了吧台，良好地过渡了不同功能的空间。

设计要点

米黄大理石

　　带有各式花纹的米黄大理石表现出细腻的质感与柔和的色泽，地面的拼花塑造出高雅的艺术效果，是怀旧居室的首选。大理石的拼花图案极具艺术感，令人赏心悦目。在加工拼花图案时，应尽量应用无色线、色斑、孔洞、砂眼、裂纹等缺陷的大理石。

▮本案中运用了拱门造型，典型的欧式符号，与地面的石材拼花相映成趣。

▼原木装饰总是恰到好处地出现在眼前，它们充满这个狭窄的走廊，但是不张扬，让小空间富有韵味。

华丽殿堂

户型档案：

建筑面积：500m²

户型：别墅

主要建材：大理石、壁纸、格栅吊顶、木饰面板、仿古砖、实木地板等

设计师：巫小伟（创立了WILLIS设计机构）

设计师 评语

　　本案为一套联排别墅，通过设计师的巧手装扮，仿若欧洲古国的华丽殿堂。一层设计上干净利落，通过软装营造出高贵典雅的气氛。二层、三层为业主的私密区，分布着主卧、次卧和书房，均以金色和银色为基调，配以或白色或深色的家具，加上吊顶、罗马柱、雕花、精致的饰品，无一不展示出欧风的优雅。底层为车库和休闲区、保姆房，设计师在一侧设计了一个吧台，实木订制，配上大理石台面，加上精美的雕塑、沉淀着文化气息的托盘，红酒香槟，何等惬意。

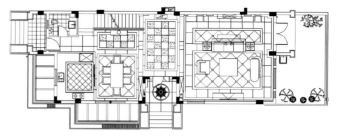

※ 一层平面布置图

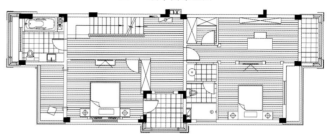

※ 二层平面布置图

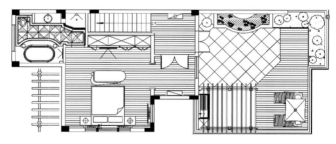

※ 三层平面布置图

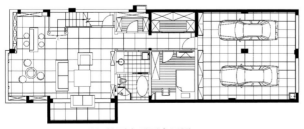

※ 地下室平面布置图

▲入户大堂极为奢华，石材地面、穹顶、罗马柱，简单的勾勒尽显大气典雅，由此奠定了大宅的基调。

设计百宝箱

优雅与浓烈的碰撞

　　客厅颜色搭配上既通过黑白灰为底色的沙发组营造优雅高贵的氛围，同时又使用华丽、浓烈的窗帘体现雍容华贵。古铜色的壁炉更为室内添加了几分凝重与积淀。水晶灯、花架、饰品等的选择都把空间装点得分外妖娆。

设计要点

1

布艺调节氛围

　　布艺可以起到很好的调节氛围的作用，还可以增加家具的质感和美感。色彩、图案、材质有很多种选择，还可以随着季节更换，是家居布置最省事又出效果的元素；另外，多摆放些绿色植物也很明智，净化空气与装饰房间一举两得。

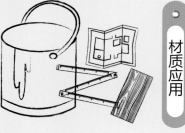

精雕细琢的线条

弯曲的桌腿椅腿、精巧的弧度、繁复的雕刻恰如其分地表达了起居室家具的舒适与从容。而线条刚直的木质搁架，透过天然纹理表现出隽永与浑厚。无论是雕琢精致的铜灯，还是触感舒适的布艺，精致上乘的用料，都悄然表达着历史的传承和文化的底蕴。

材质应用

浅色表现奢华

设计要点 **2**

在传统的华丽风格里，背景墙特别强调纯色、对比色和金属色系，但如今的华丽新装饰主义则追求典雅色彩、优雅气质，会更多地用白色或浅色来表现奢华感，用一种与传统有着强烈反差的色彩来体现继承中的变化。

灵活规划

卧室书房共处一室

　　阅读区和睡眠区分开，就算另一半在里面睡觉也不会互相干扰。在书房和寝室区中间，设计了隔断，增加隔声效果，书房壁纸纹路和地板上的实木地板相得益彰，壁纸的颜色同时也与卧室墙面颜色呼应。

设计要点

3 原汁原味的传统家具

本案中摆放的家具，均以质地上好的胡桃木、樱桃木以及榉木为原料，线条优美，并在把手与床头等细节处，以铸铜、镀金、镀银、镶大理石等欧洲宫廷家具常用的制作手法来装饰美化。正是对材料的考究，才让眼前的这些欧式家具更加具有原汁原味的传统与奢华风格。

▲有古典韵味的铁艺壁灯让人有怀古的感觉。复古卫浴中，应注意不同色彩、材质的使用比例，避免平均分配，有重点、有点缀才能达到最和谐的完美效果。

▲厨房空间较大，适合采用U形整体橱柜，同样洋溢着浓郁的欧式风味，雕花、金属拉手等细节处体现品质。

设计要点

4

怀旧家居的宠儿——石材

石材用于家居空间之中，往往带来一份华贵的气息，同时它也是怀旧家居的宠儿。一般来讲，石材主要用于营造一面大气的主题背景墙，让空间随之变得豪华起来；或者搭配整体风格，制造一份自然的氛围。当然，如果想要营造极致的奢华效果，采用石材作为地面装修材料是一种不错的选择。

爱，在摩纳哥之左

户型档案：

建筑面积：130m²

户型：三室二厅

主要建材：壁纸、实木地板、地毯、釉面砖等

设计师：李海明（邦雷装饰设计工程有限公司&李海明室内空间设计事务所总经理、首席设计师）

设计师评语

本案是有异于摩纳哥风格的，在硬式装饰处理手法上更多地借鉴欧式的表现方式，局部采用地中海式的圆拱和白色线条方式。色彩上大面用黄色、土黄色，其他家具饰件随心所欲而又别有意境。

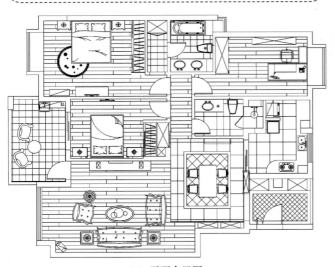

※ 平面布置图

设计要点

黑色与黄色

怀旧风的构成就浓烈地表达于空间色彩之中，这里重点推荐两种颜色。一种是黑色，它低调、睿智、稳重，却又显现高贵与优雅；另一种是黄色，它浓重而成熟，这两种颜色可使怀旧味道立刻弥漫开来。

设计百宝箱

欧式风格餐桌椅

这套餐厅里的桌椅搭配效果天衣无缝，很像预先设计好的。餐桌旁边的木纹椅子偏向欧式风格。选择用这款风琴腿的餐桌来搭配，重点在于桌腿的波浪纹样，和椅背木质花纹隐约呼应。

藤蔓与花朵

设计要点 **2**

随着怀旧风在整个时尚界和家居界的蔓延，藤蔓、花朵等带有复古气息的元素在这一季优雅回归，花鸟和植物的剪影效果也重新流行起来。当这些线条或繁复或清新，又或色彩丰富的漂亮图案爬上最需要装饰的空白墙面时，就像给墙面穿上了一件美丽的衣裳，为居室带来清新而愉悦的感受。

▲本案中用做旧材质的装饰体现出怀旧感，又用做工精致的白色家具突出了家居空间的浪漫与业主的品位。床头小小的插花则给这个略显怀旧感的空间带来蓬勃的朝气。

▲告别一般书房的凝重与古老，在这个田园风格书房，象牙白色的家具诉说着田园家居的那份纯净自然，绿色的窗帘和精致的大花座椅展示着田园的魅力。

设计百宝箱

仿古砖与木质橱柜

　　厨房的料理区部分没有选用过分刺激的对比色来强化空间视觉，而是利用色调清浅的仿古墙砖，以及温暖的木质橱柜来带给人们自然的亲近感。由于色彩上的有意过滤，台面上堆置的各类厨房电器和杂物也不觉得杂乱。

◀中性色的大块墙砖，呈现沉稳干净的感觉，也让卫浴间的品质感再次得到提升。整个空间被分为两个功能区，各自拥有独立的空间互不干扰，营造出舒缓大气的盥洗空间。

让家留下时光痕迹

户型档案：

建筑面积： $280m^2$

户型： 复式

主要建材： 石材、木地板、壁纸、石膏板等

设计师： 徐鹏程（北京东易日盛&意德法家装饰集团，副主任设计师）

设计师 评语

本案采用美式风格设计元素，自然、经典还有斑驳老旧的印记，似乎能让时光倒流，让生活慢下来。不论是简洁、明晰的线条的家具，还是带有岁月沧桑的配饰和得体有度的装饰，都在向人们展示生活的舒适和精致朴素的生活情趣。

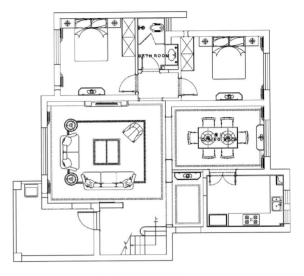

※ 一层平面布置图

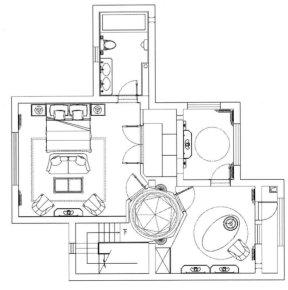

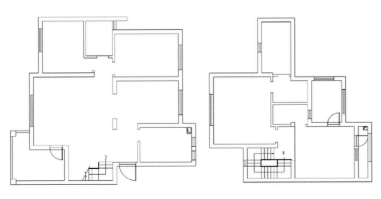

※ 一层原始平面图　　　　※ 二层原始平面图　　　　※ 二层平面布置图

▶客厅电视背景墙用石材装饰，有着硬朗的直线条。虽然石头是坚硬的材质，但变化的造型很好地柔和了硬朗的材质，在灯光的映射下，创造出刚柔合一的效果。

古老的砖墙

　　在室内保留一面古老的墙面是非常有意义的事情，如果房间的光线比较好，那么用这样的砖墙完全不突兀，而且可以显示出它的优点，如果光线不好的话，就会让人感觉沉闷。同时，家具的搭配也是非常重要的，适当的搭配能突出砖墙的风格和重要性，而舒适和随意，能让整个空间氛围由硬变软，视觉效果也舒适。

▲客厅追求庄重、自然，无处不在的装饰成就了奢华的气质；摆放讲究的厚重家具、复杂的造型、丰富的布艺装饰、具有古典风格的吊灯等，极度彰显了居室的雍容华贵。

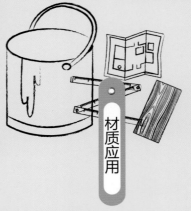

材质应用

不同材质的运用

　　无论是浅黄色的墙面、还是原木色的格栅，如此恬静的色彩于视觉上达到明快光亮的效果。而餐椅的红色印花图案、家具上的木质肌理，这些不同材质的运用让素雅变得更加富有生机、华丽。

有些户型会有传统的人字形屋顶，用木板包裹起来，设计成古代屋檐的式样，可以为空间带来浓浓的古朴情趣。其实这类吊顶看似复杂，造价却不高，通常情况下用带有木纹的饰面板或直接刷上白漆，不仅价格较低，而且还能防火。

▲欧美复古款的大床，在继承传统欧洲美学精髓的同时，进行了现代用途的改良，在雍容华贵的线条雕刻中融入简练与个性。

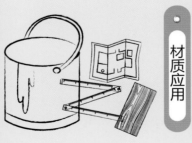

材质应用

粗犷的木板墙面

粗犷的木板上一层油漆，木头的纹理触感清晰，厚重的感觉给人带来放松的心情。与之对比强烈的华丽台灯，给卧室空间带来柔美奢华的时尚感。布艺灯罩柔和了耀眼的光线，带来温和的休息环境。

怀旧的味道

户型档案：

建筑面积： 150m^2

户型： 三室二厅

主要建材： 地砖、木地板、壁纸、石膏板等

设计师： 徐鹏程（北京东易日盛&意德法家装饰集团，副主任设计师）

设计师评语

　　本案注重软装饰的效果，整体给人感觉典雅而自然，生活在此空间轻松而惬意。整体风格极具怀旧气息，再配上乡村软装饰，相辅相成，使人仿佛在一片真正属于自我的空间里领略大自然的清新气息。

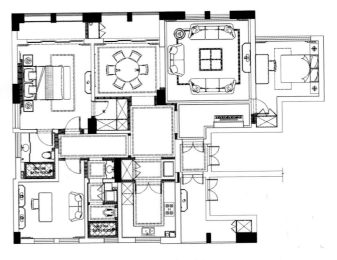

※ 平面布置图

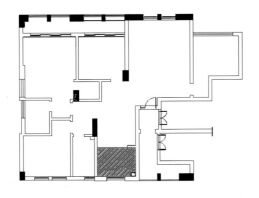

※ 原始平面图

设计百宝箱

地毯花色的选择

地毯在客厅中恰到好处。一般来说，选择地毯的花色时，应与周围的家具、墙面以及吊顶等的花色相协调，对比度最好不要太大。从室内空间的构图来看，地毯可以使室内陈设中的某一组家具连成片，形成虚拟空间，成为室内的一个完整的构图中心。

▲客厅里宽大的落地窗让阳光充分照射进屋子中，随着日照的变化在素雅的家居中投射出金色的光彩，而当夜晚，温暖的灯光同样能够照射着怀旧客厅，配以柔和的灯光，营造出安逸和舒适的情调。

设计要点 **1**

美式仿古家具

美式仿古家具精美个性，但由于体积庞大和工艺繁复的原因，它对室内环境的要求相对比较严格。首先要求室内空间大，比较适合排屋、别墅等空间相对大且高的建筑，才能将美式仿古家具的气场淋漓尽致地展现。

▶卧室基本全是美式的装扮，深色地板、厚实的家具让空间显得稳重大气，不过壁纸、植物、灯饰以及田园感觉的床品打破了沉闷的色调，让卧室更温馨。

做旧的木家具

设计要点 2

　　复古餐厅里可以选用深木色的家具，做旧的手法则更能体现田园风格的朴质感。在装饰上，精致的铁艺吊灯、乡村风格的油画、触感温润的大花地毯等都是不错的选择，但要注意宜精不宜多，避免过度堆砌。

▲卧室里使用原木家具，精细的直线条也从造型上遵循怀旧主义风格，整体空间让人非常舒服。

素雅的卧室墙面

设计要点

结合卧室典雅的家具营造怀旧型的背景墙，与现代型不同的是，墙面色彩不宜艳丽，装饰越少越好。最简单的方法是选用古典风格的壁纸，配合古朴的家具，整体视觉比较典雅庄重、有档次。

设计百宝箱

雅致书房

　　自古文人的书房中都会有花草相伴，给人满室馨香、雅致天成的感觉。在本案书房内，布置惬意的花草和配饰，打造了一个古典风情的雅室。

设计要点 **4**

怀旧风格的整体橱柜

怀旧风格的整体橱柜，具有明显的被现代需求同化了的特征。作为厨房特殊环境中的家具，整体橱柜更加遵循形式服务于功能的定律。为避免繁复的造型一不小心成了细菌滋生的温床，设计师采用了对历史样式简而又简的手法，用现代材料和加工技术为整体橱柜架构出一种类似古典的神韵。

▲卫浴进行了干湿分离。由于洗漱区外露，在装饰上就要求美观、整洁。一排浴室柜起到了收纳作用，仿古砖则进一步营造了卫浴的怀旧氛围。

爱上度假的感觉

户型档案：

建筑面积： 500m²

户型： 别墅

主要建材： 老榆木、石材、艺术墙漆、仿古砖等

设计师： 章进（上海奥邦装饰设计有限公司设计总监）

设计师 评语

　　本案是一个别墅设计，主要用材为石膏线、石材、木材、玻璃、壁纸、涂料等，欧式风格独特门套及窗套的造型更能体现出欧美风情，结合后期欧式家具的衬托，使空间的欧式美感自然地流露。

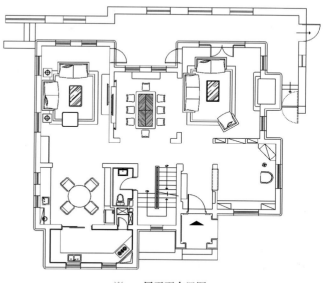

※　一层平面布置图

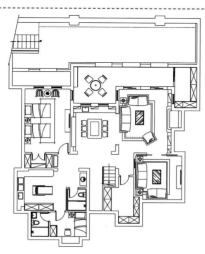

※　地下室平面布置图

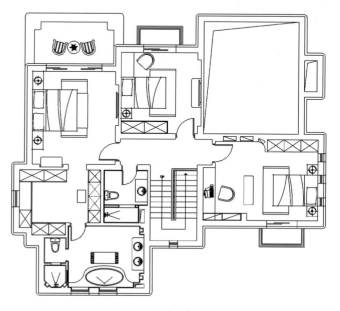

※　二层平面布置图

▲电视主墙运用樱桃红大理石做出壁炉的造型，配合上进口家具的摆设相当有法式古典而大气的风格。

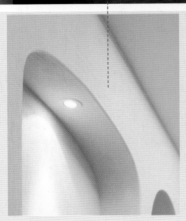

设计百宝箱

玄关灯具

　　玄关是进入室内给人第一印象的空间，因此要明亮一些，灯具的位置要考虑安装在进门处和深入室内的交界处，这样就可以避免在客人脸上出现阴影。灯饰的开关应在入口处紧挨门的墙上，或设成感应灯光模式，这样方便打开灯光，而不必在黑暗中摸索。

灵活规划

拱门隔断

如果不希望空间被完全隔断，不妨采用本案中餐厅与客厅的隔断形式，拱门隔断达到既区分空间功能，视觉上又有空间的连续性和通透性的效果。这类隔断完全不影响空间的采光，适合用在采光不理想的空间里。

设计要点 **1**

杉木的应用

杉木在装修中一般使用量不大，而且一般都用在不起眼的地方，用作吊顶时也常是局部使用，可比起一般的木材，杉木更加环保而且木材的纹理更能突出自然的味道，在怀旧风格中可以缓解重色带来的压抑。本案就是一个很成功的例子。

▲文化石打造的背景墙突出了怀旧感，迎合了整体风格的古典情怀。客厅家具和吊顶都选择棕色，搭配自然的乡村田园风情。

橱柜与墙面颜色的搭配

　　永不衰退的怀旧风格橱柜始终在流行橱柜的行列里，它们尊贵的气质以及对细节的精美雕琢，让古朴与怀旧气质展露无遗。怀旧、尊贵也可与现代相适应，古朴的橱柜搭配现代的厨具，在白色或黄色等浅色墙面的映衬下，怀旧的格调就含而不露了。值得注意的是，怀旧尊贵风格的厨房往往需要较大的空间，否则那种尊贵经典的细节只会成为一种负担。

地板颜色的选择

设计要点 3

家庭的整体装修风格和理念是确定地板颜色的首要因素。深色调地板的感染力和表现力很强，个性特征鲜明，浅色调地板风格简约，清新典雅。近年来，一些貌似有瑕疵的木地板，如树节、虫眼、腐朽、裂纹纹理的地板需求量上升，是人们重视自然、返璞归真理念的体现。

美式遇见法式

户型档案：

建筑面积： 170m²

户型： 三室二厅

主要建材： 实木面板、壁纸、实木地板、仿古砖等

设计师： 蒋宏华（武汉支点环境艺术设计有限公司，设计总监）

设计师评语

不是所有的田园风格都缠绵悱恻、锦若繁花，也不是所有的小空间居室都会选择规整的布局，以达到空间利用的最大化。法式田园与美式田园风格巧遇，奢华不见了，浪漫将之取代。美丽随意的空间划分，精致大胆的家具配饰，让居室呈现出不一样的风情。

▲温馨、舒适是很多都市人对于家居的要求。素雅、质朴的客厅给人纯净的感觉，柔软的布艺极容易让人感觉到家的温馨。

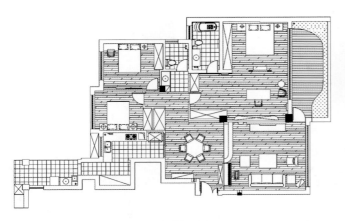

※ 平面布置图

家具与室内背景的协调

设计要点 1

怀旧居室要做好家具与室内背景的协调。比如深木色调的家具，居室的主色调就最好选择乳白色或者土黄色，并做好与布艺的协调，可以通过不同颜色的靠垫等方式，中和整体冷和硬的感觉。再如可以大面积地铺贴壁纸，可采用较为复杂的花色和纹路，并选用中性色这类稳重大气的颜色。

设计百宝箱

铁艺隔断

　　带有镂空图案的装饰性铁艺隔断有鲜明的装饰效果，因为镂空图案不会完全遮挡视线，所以比较适用于客厅与餐厅之间的连接处，一来可对空间进行区分，二来可对空间起到个性化的装饰作用，使其视觉效果更加强烈。

吊顶与家具的搭配

设计要点 2

　　吊顶与家具的搭配十分重要。吊顶颜色要以能衬托家具的颜色为佳。在选择的时候最好以沉稳柔和为主调，因为吊顶的装修属于永久性装修，一般情况下不会经常更换，选择比较中性的颜色会相对安全。本案中，吊顶在色彩和形状上都与餐桌搭配得恰到好处。

▲欧式家具、吊顶与颜色各异的布艺饰品、配饰完美搭配，一扫过去欧式风格给人的厚重印象，这样的餐厅古典雅致的同时也不乏温馨时尚。

▲带有古典韵味的隔断巧妙地把卧室与书房分开，让整体空间在稳重之余多了一些优雅和轻巧的感觉，铁艺花纹同时也是一种柔媚的体现。

设计要点 **3**

碎花

乡村风格的碎花是市场上很流行的款式，给人带来一种纯美的田野清香，同时又透露出一丝可爱。碎花饰物可以跟白色的浪漫主义家具搭配，在乡村风情中透出一丝丝浪漫、一点点活泼，营造出静谧又柔美的空间；与深木色家具搭配，则会流露出沉稳大气的感觉。

橡木吊顶

设计要点 **4**

如果卫浴吊顶的主要材质是木质的，最好选用橡木，因为橡木属热带雨林植物，木质坚硬致密，市面上高档卫浴柜多数用橡木，橡木再经防水，打磨处理，可长期泡在水里不渗水，所以就更不用担心放在卫浴间。

帝国风格

户型档案：

建筑面积：280m^2

户型：别墅

主要建材：瓷砖、石材、地毯、壁纸、窗帘布艺、装饰画等

设计师：梁苏杭（注册高级室内建筑师，杭州　CIID设计师俱乐部理事）

设计师 评语

　　本案的定位为新古典—帝国风格，将简化的西方古典元素融入现代的表现手法，以比较稳重的色调及古典花形图腾为主轴贯穿整个空间，让这个黄色的怀旧空间显得格外优雅，没有传统古典的金碧辉煌和距离感，多了现代的舒适和温馨。

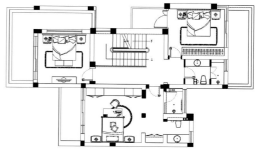

※　二层平面布置图

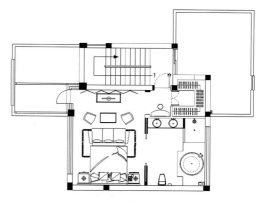

※　三层平面布置图

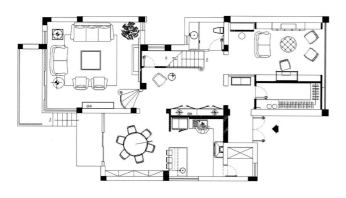

※　一层平面布置图

设计要点

1

对称方式摆放和布光

　　想把玄关、过道等布置成西式古典风格，不妨采用对称方式摆放和布光，这样可以强调新古典气质。同时墙面最好有一定的灯光处理，用不同配饰搭配，增加细节的层次。用古典元素装点细部空间，一般要避免对比色的冲突。

油画营造风格

设计要点 **2**

如果欣赏欧洲古典风格,那么质量优良的材质、色彩优美的油画,再加上华丽的色彩,这就是典型的欧式古典风格。这样的墙面,会让客人无法移开他的视线,让人感受到浓浓的怀旧气息。

▲温馨的鹅黄色为整个客厅带来慵懒的午后阳光,同时也彰显了乡村田园风格独有的古朴、悠闲,甚至有些陈旧的气息。

设计百宝箱

黄色的应用

以黄色为基调,运用材质对比及强调精致的细部,适度运用光线引导空间动线,并且搭配具有新古典风格的家具,彰显高贵气质的设计,营造出现代奢华之空间效果。

▲墙面、顶面、地毯均为浅色，以此衬托出空间正中央的餐桌与餐椅，空间的主次愈趋鲜明，主题也就愈为突出了。

醉·美

户型档案：

建筑面积： 200m^2

户型： 四室二厅

主要建材： 地砖、木地板、壁纸、石膏板等

设计师： 徐鹏程（北京东易日盛&意德法家装饰集团，副主任设计师）

设计师评语

　　古典美式风格，摒弃了过多的烦琐与奢华。简化的线条、自然的材质，精美的色彩及典雅的造型，每一件都透着自然的味道，仿佛随手拈来。典雅中透着高贵，深沉里显露气度，岁月的痕迹、文化的韵味以及历史内涵浓缩在那古色古香的空间中。

※ 平面布置图

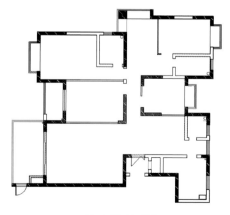

※ 原始平面图

中性色调诠释怀旧风格

设计要点

1

　　淡雅、别致的中性色调始终是怀旧风格家居的最好选择。褐色、咖啡色等中性偏暖的颜色是布置客厅的最佳色彩。客厅是家居中的公共区域，色彩运用上除了要考虑自己的喜好外，也应顾及客人的感受。中性色不会因为过分张扬或跳跃引起人的紧张感，可以给客人或热情或温馨的感觉。

▲在家具的传承演变中，最不易过时的就是复古款式的实木雕花家具。由于它繁复多变，能够立竿见影地改变整个居室的表情。它的超高艺术性也铸就了不菲的身价。

设计百宝箱

柔和的木色

　　卧室所用的材料都给人自然、质朴的感觉。无论是壁纸、地面还是家具，满眼都是肌理分明但色泽柔和的木色，并运用了天然的植物作为点缀，从每一个细节都可隐隐地感知到材质的清新气息。

▲木色的地板纹理清晰，整体需求统一性，同时也不显得乏味。暖色调的床头灯给人以温暖的感觉，在卧室内营造出温馨的气氛。

设计要点

2

壁纸与怀旧家居

　　一般来说，木材、壁纸等给人以亲切感的材料是温馨复古卧室材料的首选，后期再进行一些装饰更是能够起到非常好的效果。特别是随着工艺的不断改进，用它们来营造一个安逸、淡雅的空间非常有效。壁纸的色彩、图案要选择那些低调、温和一些的，避免产生过于跳跃的视觉冲突。

浪漫音符

户型档案：

建筑面积： 160m^2

户型： 复式

主要建材： 有色涂料、硬包、仿古砖、肌理漆等

设计师： 由伟壮（上海由伟壮设计事务所掌门人；常熟由伟壮设计事务所掌门人；壮壮设计，大吉田专业施工创始人）

设计师 评语

　　本案运用异国浪漫情怀，结合泰式、现代以及波西米亚的混搭手法，整体以暖色为主，以浅色作为点缀其中的浪漫音符。随着瑜伽音乐变换着由内而外散发的情感，抒发着对生活的美好憧憬。

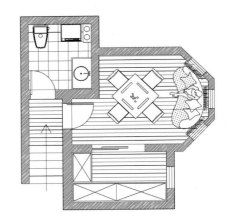

※　地下室平面布置图

※　一层平面布置图

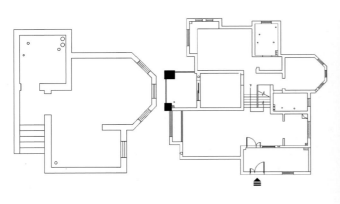

※　地下室原始平面图　　　※　一层原始平面图

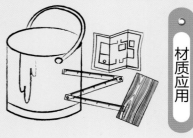

材质应用

现代与古典结合的玄关

简洁的设计、素雅的颜色，没有传统古典风格的厚重感，却多了几许粗犷，在玄关放置一幅有古典韵味的装饰画搭配彩色墙砖，使空间现代与古典交错融合。

壁炉

设计百宝箱

如果想让复古风味更浓的话，在客厅添置一个壁炉，冬天的时候听着木柴燃烧时发出的"哔哔啪啪"声，别有一番风味。值得注意的是，燃烧木柴会让白色的墙面粘上木炭的黑色颗粒，比较难清洗，所以墙面在选择油漆时要注意油漆的防污功能。

▲深浅不一的砖石装点留白的墙面，令整个空间既不失稳重，又活泼。颇具包容度的欧式家具使得空间在自然休闲的格调中同样不失品质感。

地毯的选购

设计要点 **1**

不妨选购与家具的风格统一的地毯，这是比较安全的做法。古典家具宜搭配柔美、典雅的地毯，以唯美的图案及色彩为特点，能够映衬古典家具的情调，与家具上的花纹相得益彰。不过需注意的是，假如家具及墙面装饰较复杂，地毯的图案要避免太过繁复。

▲在餐厅里使用壁纸，壁纸的花色非常重要。黄色的暗花壁纸与浅褐色的马赛克墙面搭配得恰到好处，让空间多了一份自然气息。

铁艺的运用

　　铁艺的运用与工艺处理几年来有所创新，不但有用上等铁艺制作而成的楼梯扶手、隔断，而且还有铁艺与木制品结合而成的各色家具。做旧工艺以天然痕迹为最美，虫子洞、伐木的钉眼、漆面不整的破皮都是流行的做法。

▲简单的线条与清浅的色系为楼梯间的主要表现形式，大方唯美、古典优雅的氛围，石材贴面的踏步设计，展现尊贵不凡的气势。

▲卧室的华丽感不在于雕金画银，那样的华丽过于俗气；简洁的色调搭配做工精细的家具和灯饰，就能营造出一种复古的华丽风。

条状的花纹壁纸

设计要点 **3**

　　条状的花纹壁纸具有恒久性、古典性、现代性与传统性等特性，是最常见的选择之一。长条状的设计可以把颜色用最有效的方式散布在整个墙面上，而且简单高雅，非常容易与其他图案相互搭配。这一类图案的设计很多，长宽大小兼有，因此必须选适合自己房间尺寸的图案。由于长条状的花纹设计有将视线向上引导的效果，因此非常适合用在层高较低的房间。

田园厨房

设计要点 **4**

在田园风格和厨房里，一般都有简洁的线条、自然的材质和清爽的色彩，小面积的仿古砖更是经常用来装饰墙面，这样能充分体现田园风格的温馨与朴质，不炫耀，也会更实用，同时也会让家里充满快乐的氛围。

灵活规划

L形橱柜

L形的橱柜设计非常常见，既可打造出空间应有的全部功能，且不会占用过多的室内空间。白色的橱柜和小面积墙砖的搭配，带着明显的竖线肌理，简化了厨房家具色调的同时，也增加了空间的变化。

醍岸私语

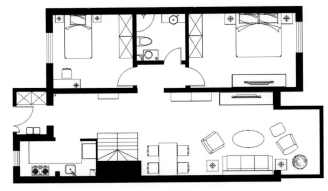

※ 一层平面布置图

户型档案：

建筑面积：238m^2

户型：复式

主要建材：木格栅吊顶、红砖、涂料、釉面砖、手绘墙、壁纸等

设计师：杨克鹏（创立北京雕琢空间室内设计工作室）

设计师 评语

在本案中，花迹芳踪随处可寻：床头、窗帘、电视墙、沙发、台灯……每个房间都散发出一点点成熟小女人气质，一点点英伦复古风，一点点咖啡式情调，一点点小浪漫，各式花朵集聚一堂，营造繁花盛开的景象，打造出一个小资情调的田园空间。

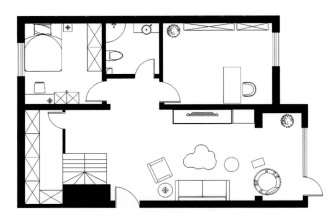

※ 地下室平面布置图

▶客厅首先引起人注意的便是红色印花沙发，散发出浓厚的自然气息。而橙色仿古砖地面，更添乡土味道。顶面的古式吊灯，则点缀出温馨浪漫。

▲大面拙朴的红砖墙成为房间的视觉中心，本来就比较古旧的红砖墙，处在田园居室里，搭配现代的饰品，显得更为斑驳。

设计要点

1

素白色餐桌的配饰要点

素白色的餐桌也是很多家居的选择，线条简单的外观，显得雅致休闲、清婉惬意。在餐厅空间内，饰品的搭配是重中之重，一定要与风格相配。画龙点睛，才能充分表达出田园风格的混搭魅力，尤其是对于白色的餐桌来说。

▲餐厅的木作吊顶与地面砖的纹路相呼应，让空间呈现一种和谐感。餐椅的造型圆润，与直线型的边桌形成鲜明对比，给人意想不到的空间体验。

设计要点 **2**

蓝黄搭配

　　蓝黄搭配将清爽、深沉、静谧、洁净等特征演绎得淋漓尽致，充分证明了家居设计中主题颜色丰富且有层次感的配色原则，点面结合的搭配效果，非但没有降低色彩的装饰效果，反而提升了整体空间风格的连贯性。

灵活规划

家居中的小角落

　　小的角落，可用来读书、信手涂鸦或干点别的什么，这样的区域非常适合用来怀旧，因为它很可能是一个非常个人化的地方。无论是仿旧的椅子，还是真正的旧椅子，大多给人生硬的感觉，但是如果可以用一些轻巧的创意来中和一下，就变得轻盈而感人了。

▲卧室的搭配不需要太过烦琐。洁白的家具清新自然，墙面的碎花壁纸编织业主的乡村梦想。这时再看看顶部的仿古吊灯，无形中起到点缀浪漫氛围的作用。

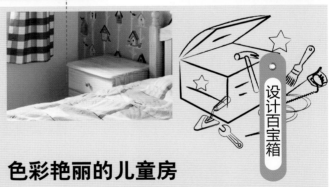

设计百宝箱

色彩艳丽的儿童房

　　色彩艳丽的儿童房墙面和家具，以其明亮轻松的色调，以及通过色彩丰富的布艺软装进行点缀，让空间整体风格更加协调。而款式简洁却新颖的家具符合孩子们的纯真性格，轻巧的外形适合他们的身体特点，也可在房间里为他们尽可能留出一些活动空间。

灵活规划

唯美书房

在这个书房中，设计师将工作所需的实用性、舒适性与美观性利用白色很好地串联，整体空间给人以明快而又高效之感。白色简明线条的书架轻松将书籍分类码放，在工作充电之余，随手拿到想要的那本书是再容易不过了。

设计要点 **3**

原木色的橱柜

原木色的橱柜，流露出自然的真情。厨房的瓶瓶罐罐应该是整个家里最多的地方，如何把这些东西收纳好又能使厨房看起来美观呢？ 实木立柜的上半部分用来收纳餐具、茶具，下方的地柜则用来收纳各种锅具，封闭式的柜门关上后，不仅更加卫生，也让厨房显得更加整洁美观。

▲在蓝色地砖及米色墙砖的衬托下，原木橱柜从空间中凸显了出来，以退为进的装饰法，使得干净清爽的厨房在一片花样的田园风格中，越发地引人注目。

▲因为楼梯间比较窄，所以在这里设计了木栅栏和爱琴海的景色，听着海浪的声音，阵阵海风轻轻拂过脸旁，拾梯而下，亦真亦幻。

蓝色楼梯空间

设计要点

4

　　自然浪漫的蔚蓝色，把天空的宁静与海洋的开阔带到家中，通过明度上的提升，放大了楼梯间的面积。蔚蓝色与白色过渡十分流畅，正如白云和蓝天的感觉，而暖色调的点缀则为空间带来朝气蓬勃的感觉。

风景美墅

户型档案:

建筑面积: 400m^2

户型: 别墅

主要建材: 手绘墙、涂料、壁纸、仿古砖等

设计师: 黄步延("点金之笔"设计事务所设计总监)

设计师 评语

　　从室内设计角度来看,本案空间有几个缺点:中央采光不足,中庭由窄小的楼梯构成,由下至上,十分单调。经过设计师精心设计,宛如"风景美墅",空间层次丰富且开阔,光线明朗,移步为景,让人一见倾心。

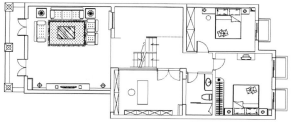

※ 二层平面布置图

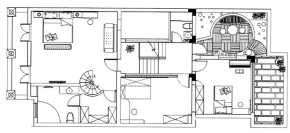

※ 三层平面布置图

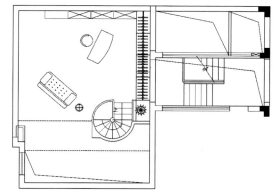

※ 四层平面布置图

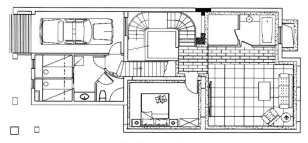

※ 地下室平面布置图

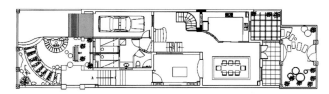

※ 一层平面布置图

▲大面积手绘墙令小小的空间充满了盎然的生机，搭配木制家具和仿古砖，让人有触摸自然的感觉。

设计百宝箱

美式家具与配饰

客厅家具依然选择了雕刻精美的美式家具，在黄色背景的衬托下，空间既有古典主义的唯美，又有田园风格的活泼与秀丽；再将精细的后期配饰融入到设计风格之中，使居室更加完美。

设计要点 **1**

窗帘的选择

欧式古典风格的家居装潢，一般空间宽敞，窗户高大，在窗帘上的预算就会相对偏高，选择的窗帘应更具质感，比如考究的丝绒、真丝、提花织物以及麻质等。颜色和图案也会偏向于和家具一样的华丽沉稳，暖红、棕褐、金色都可以考虑。这类窗帘还会用到一些配件，比如装饰性很强的窗幔以及精致的流苏。古典风格窗帘更体现出大方、大气与富丽之美。

▲卧室的空间延续整体家居浪漫的元素，窗帘选择与床品同样的颜色，与旁边的梳妆椅搭配，梳妆镜接续床头桌，让画面连贯，整体空间干净温雅。

设计要点

2

花壁纸与布艺家具

　　纯净优雅的花壁纸，配上同样色系的布艺家具，以一种恬淡陶然的田园情怀再现精致浪漫的都市品质生活。简简单单的形式传达出柔美的温馨气氛，洋洋洒洒的碎花点缀更营造了梦幻般的家居气息。

灵活规划

楼梯的休闲阅读区域

　　楼梯过道处设置了休闲阅读区域，家具的布置尽量简化处理，以满足基本的阅读需求为前提，无需占据过多空间，以免妨碍到正常的生活秩序。而这个没有窗户的角落里，复古造型的落地灯就成为了提供光照的主要来源。

设计百宝箱

手绘家具和墙面

　　儿童房应该是五颜六色的，就像本方案的儿童房，充满了大地回春的浓浓气息。除了搭配花样的床品和墙面装饰外，就连家具和墙面都有小孩子喜欢的手绘图案，在阳光的照射下更加明亮醒目。

流动的风景

设计要点 **3**

　　涂鸦进入居家最好的代表就是手绘墙。将一幅幅流动的风景定格在墙面上，令自然气息与活力扑面而来。即使是落笔在最平凡、简陋的墙面上，由于创造者的心境和灵感不同，也会在笔下呈现出迥异的风情。

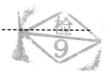